日系美學
復古花磚十字繡

64 款設計圖輯 ✕ 色號股數 ✕ 刺繡技法 ✕ 布置靈感，
零基礎復刻大正昭和的古董紋樣

作者 **遠藤 佐繪子**

譯者 **邱香凝**

INTRODUCTION
關於古董花磚圖案

本書的古董花磚圖案,是知名的「馬約利卡陶磚」（Majolica tile）花紋圖樣。

馬約利卡陶磚主要以英國維多利亞時代（1837～1901年）陶瓷品牌「明頓（Minton）」生產發售的商品最為聞名。除了有維多利亞時代美麗的設計,優越的防火及防水性能也受到許多人的喜愛。參考中世紀末期西班牙馬約利卡島出口義大利等地的西班牙錫釉彩陶（馬約利卡燒）,展現多彩繽紛的顏色,因而被稱為「馬約利卡陶磚」。

明治41（1908）年左右,研究窯燒技術的能勢敬三與村瀨二郎等人為了在日本國內生產這種陶磚,秉持一股熱情創造出「乾式成形法」,成功完成了大量生產。「馬約利卡陶磚」的名稱也就這樣在日本普及開來。

伴隨著建築的近代化,日本製馬約利卡陶磚大顯身手,除了國內市場不斷擴大,從大正初期到昭和10年代（1935年～）的全盛期,更出口到東亞、東南亞、印度及中南美、非洲等其他國家。

陶磚的圖案從早期的模仿英式設計,漸漸轉變為反映日式設計的圖樣,因應出口台灣、中國等地發展出吉祥果等造型,出口印度的花磚則多為神像圖案。像這樣配合各國文化設計,帶有好兆頭的花草、幾何學等圖案,為馬約利卡陶磚創造出富有獨創性而種類豐富的花色型態。

本書將以這些日本製馬約利卡陶磚為藍本製作十字繡。底圖由老牌磁磚製造商Danto Tile設計,從當年的陶磚型錄以及保存至今的實體花磚圖案中取樣。

Danto Tile誕生於明治18（1885）年,創立時的公司名稱為淡陶社,是日本製馬約利卡陶磚的知名廠商,也是日本國內生產馬約利卡陶磚的先驅。曾在博覽會中獲獎,能勢敬三也曾任職於此。型錄中的磁磚花色,令人一看便情不自禁湧現一股鄉愁,那些花色與設計,即使拿到今天仍不顯過時。馬約利卡陶磚的魅力就是如此雋永。

十字繡的有趣之處,在於同樣的圖案可享受不同配置與配色的樂趣,這也正是馬約利卡陶磚的特色。將馬約利卡陶磚的花色化為十字繡圖案,希望大家都能在刺繡的過程中,時而體會陶磚圖案無限拓展的魅力,時而享受自由配色的樂趣。

遠藤佐繪子

目次

INTRODUCTION
關於古董花磚圖案 … 03

size:9x9cm

 01 … 09 / 65

 02 … 09 / 65

 03 … 10 / 66

 04 … 11 / 66

 05 … 12 / 67

 06 … 14 / 68

 07 … 20 / 69

 08 … 20 / 69

 09 … 20 / 70

 10 … 21 / 70

 11 … 21 / 71

 12 … 21 / 71

 13 … 22 / 72

 14 … 22 / 72

 15 … 22 / 73

 16 … 23 / 73

 17 … 23 / 74

 18 … 23 / 74

 19 … 24 / 75

 20 … 24 / 75

 21 … 24 / 76

 22 … 25 / 76

 23 … 25 / 77

 24 … 25 / 77

 25 … 26 / 78

 26 … 27 / 79

size:7.5x15cm

 27 ⋯ 28 / 80

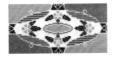 33 ⋯ 30 / 83

 28 ⋯ 28 / 80

 34 ⋯ 30 / 83

 29 ⋯ 29 / 81

 35 ⋯ 31 / 84

 30 ⋯ 29 / 81

 36 ⋯ 31 / 84

 31 ⋯ 29 / 82

 37 ⋯ 31 / 85

 32 ⋯ 30 / 82

size:4.5x9cm

 38 ··· 32 / 85

 40 ··· 32 / 86

 39 ··· 32 / 85

size:4.5x4.5cm

 41 ··· 33 / 86

 43 ··· 34 / 87

 45 ··· 35 / 87

 42 ··· 34 / 86

 44 ··· 35 / 86

size:15x15cm

 46 ··· 38 / 88

 50 ··· 40 / 92

 54 ··· 42 / 96

 47 ··· 38 / 89

 51 ··· 40 / 93

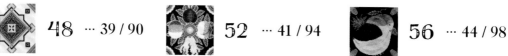 55 ··· 43 / 97

 48 ··· 39 / 90

 52 ··· 41 / 94

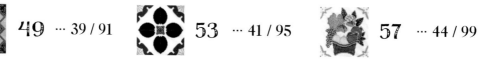 56 ··· 44 / 98

 49 ··· 39 / 91

 53 ··· 41 / 95

57 ··· 44 / 99

size:15x15cm

 58 … 45 / 100

 61 … 46 / 103

 64 … 52 / 105

 59 … 45 / 101

 62 … 47 / 104

 60 … 46 / 102

 63 … 49 / 106

CROSS-STITCH x ANTIQUE TILE DESIGN
BASIC LESSON

如何用十字繡
翻玩古董花磚圖案　…56

以古董花磚圖案設計刺繡圖樣以及
刺繡時圖案的排列方向

十字繡的基礎　…60
工具與材料
繡線的用法
怎麼做十字繡
怎麼做法式結粒繡
怎麼做回針繡

本書刊載之
古董花磚圖案原圖　…64

用古董花磚刺繡
製作小東西　…108
拉鍊化妝包兩種
方塊針插三種

01 圖案 → p65

02 圖案 → p65

03 圖案 → p66

04   圖案 → p66

05　圖案→p67

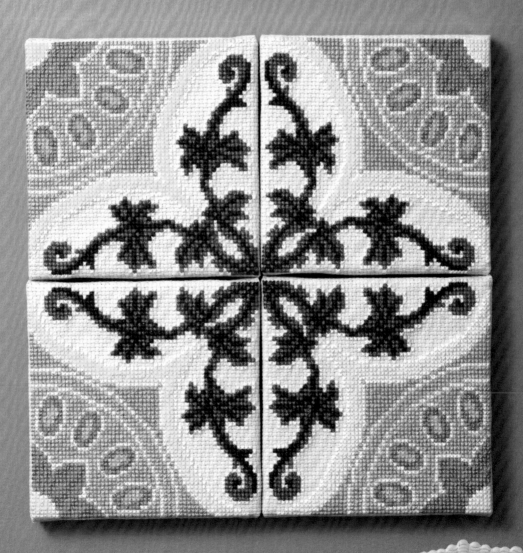

13

06 圖案 → p68

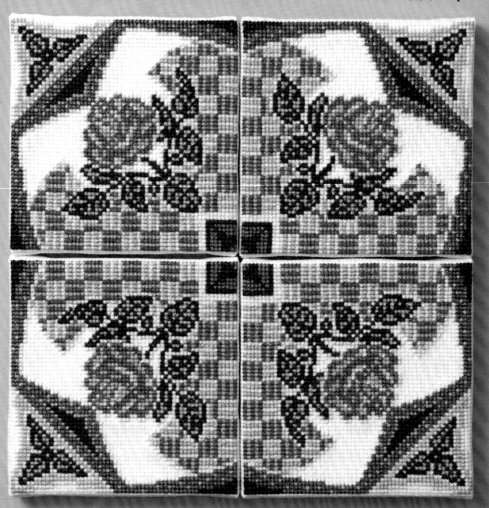

07

圖案 →p69

08

圖案 →p69

09

圖案 →p70

10 圖案→p70

11 圖案→p71

12 圖案→p71

13 圖案→p72

14 圖案→p72

15 圖案→p73

16 圖案→p73

17 圖案→p74

18 圖案→p74

19 圖案→p75

20 圖案→p75

21 圖案→p76

22 圖案→p76

23 圖案→p77

24 圖案→p77

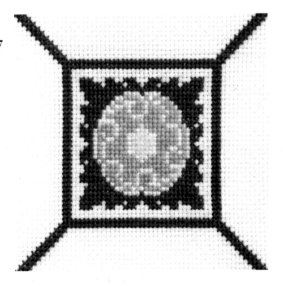

26 圖案→p79

27 圖案→p80

28 圖案→p80

29 圖案→p81

30 圖案→p81

31 圖案→p82

32 圖案→p82

33 圖案→p83

34 圖案→p83

35 圖案 →p84

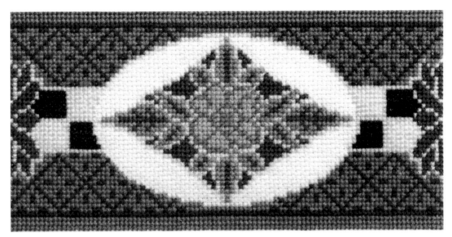

36 圖案 →p84

37 圖案 →p85

38 圖案→p85

39 圖案→p85

40 圖案→p86

41 圖案 →p86

42 圖案→p86

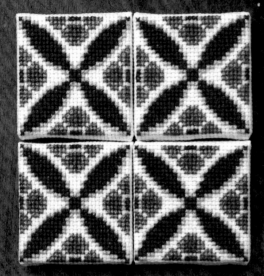

43 圖案→p87

44 圖案→p86

45 圖案→p87

46 圖案→p88

47 圖案→p89

48 圖案→p90

49 圖案→p91

50 圖案→p92

51 圖案→p93

52 圖案→p94

53 圖案→p95

54 圖案→p96

55 圖案→p97

56 圖案→p98

57 圖案→p99

58 圖案→p100

59 圖案→p101

60 圖案→p102

61 圖案→p103

62 圖案 →p104

63 圖案 →p106

64 圖案 →p105

CROSS-STITCH
X
ANTIQUE TILE DESIGN

BASIC LESSON

如何用十字繡
翻玩古董花磚圖案

十字繡的基礎

本書刊載之
古董花磚圖案原圖

用古董花磚刺繡
製作小東西

圖案→p64

TO ENJOY ANTIQUE TILE DESIGN
WITH CROSS-STITCH

如何用十字繡
翻玩古董花磚圖案

每一片古董花磚都有不同的漂亮圖案，
可以朝同一方向連續刺繡，也可以旋轉圖案角度，
呈現出如萬花筒般嶄新的美麗圖形。
在此提供幾種翻玩古董花磚刺繡的方法。

將古董花磚圖案
朝同一方向連續刺繡

A

上下左右皆對稱的
正方形圖案

直接以原本的角度連續刺繡，會串連出新的
方正圖案，倍增華麗。

→本書01、03、07、20、48等圖案皆是。

B

上下左右非對稱，
以一個圖樣為主的正方形圖案

直接以原本的角度連續刺繡，形成更加突顯
原有主圖的設計。或按照一定規則改變顏色
做變化，完成時髦又獨特的作品。

→本書12、14、23、47等圖案皆是。

a　　　　　　b a　　　　　　　b

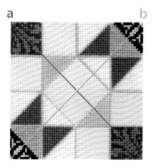
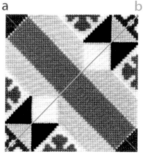

C

以兩條對角線為中心形成對稱的
正方形圖案

無論選擇 a 對角線或 b 對角線，以 90 度角
旋轉圖案四次連續刺繡，就會出現一個左右
對稱的大型圖案。

→本書25、26等圖案皆是。

以一條對角線為中心
形成對稱的正方形圖案

以 90 度角旋轉四次連續刺繡，就會出現一個
上下左右對稱的大型圖案。或將四個圖案分別
朝對稱方向翻轉，又會出現完全不同的圖案。

→本書 05、45、63 等圖案皆是。

E

長方形的圖案

將主圖往左右延伸連續刺繡，就能將同一個
花色做成帶狀圖案。

→本書 27、30、32、33、36 等圖案皆是。

**將 C 與 D 的圖案做成十字繡的連續
圖案時，需要注意的重點**

製作十字繡時，只要統一刺繡時的繡線方向（在 × 上重疊的繡線是從
右到左下，還是從左上到右下），就能繡得漂亮。連續刺繡花磚圖案
時，一樣要注意這個重點。

使用四張

以同樣角度刺繡出來，
再旋轉角度後拼起來……

↓

a   b

c   d

雖然也能拼出一個圖
案，仔細觀察繡線的
方向，a 和 d 是「╳
」，b 和 c 是「╳」，
四張圖案的繡線方向
沒有統一。

使用兩張   和兩張

想要讓四張圖案的繡線方向一致，
就要以相差 90 度的方式各製作兩張。

↓

這麼一來，所有繡
線都是「╳」，方向
一致。

十字繡作品的
有趣應用

A

善用彩色布料

用彩色布料當刺繡底布，除了配合
圖案設計選擇顏色的優點外，彩色
布料還能將繡線襯托出原本沒有的
微妙濃淡變化。

B

拼接連續圖案時，可在圖案與圖案中留白

在一大塊布上連續刺繡拼接圖案時，不妨在單一圖案的上下左右留出等距空白。完成後的作品看起來
就像貼在牆上的磁磚一樣可愛，這也是花磚圖案刺繡特有的意趣之一。

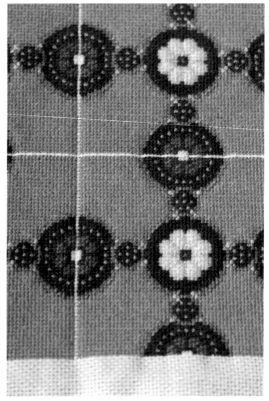

做成小東西

將圖案刺繡在布上，再用來製作成立體的物品，能展現與平面作品不同的美感與可愛的風格。本書也將示範如何製作拉鍊化妝包與方塊針插 (p108)。

CROSS-STITCH BASICS
十字繡的基礎

在用十字繡翻玩古董花磚模樣之前的基本教學。
學會基礎後，就能輕鬆挑戰各種變化了。

 ## 工具與材料

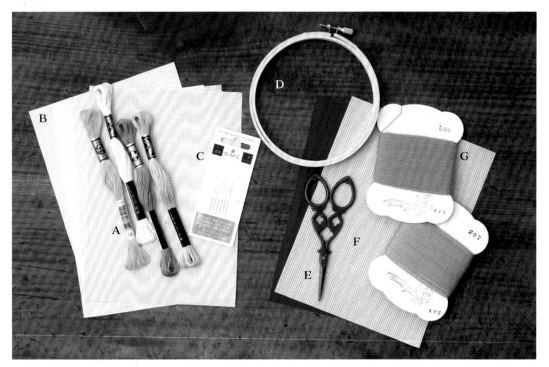

A 繡線

本書使用 DMC25 號繡線。一束 25 號繡線，由六股細線鬆散地搓合而成。使用時只要抽出需要的股數即可。本書主要使用 16CT 的底布，以兩股線刺繡。若使用 14CT 的底布，建議以三股線刺繡。

B＆F 布料

十字繡不用將圖案複印到布料上，而是一邊計算格數一邊刺繡，必須使用十字繡專用的繡布。本書使用 25 號繡線在德國 Zweigart 公司生產的 16CT（B）繡布上刺繡，也使用羊毛繡線在同樣由 Zweigart 公司生產的 14CT（F）繡布上刺繡。所謂 16CT，指的是每 1 平方英吋（1 英吋約等於 2.5 公分）裡有 16 格。十字繡布的 CT 數愈大，格數愈細，以同樣圖案來刺繡時，成品的面積愈小（p61）。

C 繡針

使用十字繡專用的鈍頭針，這是為了避免針尖插入布料的織線之間。繡針號數愈大，表示針愈細，刺出的針孔愈小。請選擇刺繡時不會在布料表面留下明顯針孔的號數。本書使用 DMC 的 24 號十字繡針。使用羊毛線刺繡時，因為羊毛線很

細，用和 25 號繡線時同樣的針號即可。

D 繡框

夾住布料，方便刺繡的工具。建議使用方便刺繡的大框。也可配合自己喜好準備繡框。

E 線剪

處理線頭時使用。請選擇刀刃前端尖細的種類。

G 羊毛繡線

本書中，於 14CT 繡布上刺繡時，使用 Art Fiber Endo 的羊毛繡線，以一股線的方式刺繡。羊毛繡線柔軟蓬鬆，能繡出特殊的質感。

繡線的用法

準備繡線

1

不取掉標籤紙，直接從末端慢慢將線抽出來，抽出 50 公分左右剪下。

2

將線揉鬆，一股一股抽出。

※ 這時請小心不要讓線糾纏打結。

3

拿出所需股數（本書主要以兩股刺繡）對齊。

※ 一股一股抽出來，再將所需股數對齊撮合使用，較能繡出飽滿的質地。如果使用的是 14CT 繡布，則建議用三股線。

繡線穿針的方法

1

將線繞過針頭拉直，做出摺痕。

2

將摺痕部位穿過針孔。

3

慢慢拉線，拉出 10 公分左右。

---

25 號繡線與羊毛繡線，
繡在不同 CT 的布上，完成的質感也不同

兩股25號繡線
（16CT繡布）

一股羊毛繡線
（14CT繡布）

在本書中，16CT 的繡布主要以兩股 25 號繡線刺繡，14CT 的繡布則以一股羊毛繡線刺繡。若要用 25 號繡線在 14CT 的繡布刺繡，則建議取三股線。即使使用同種類的繡線，由於繡布 CT 數愈大格數愈細，同樣的圖案刺出來的面積也愈小。這些要素都會大大影響成品給人的印象，請配合自己的喜好自由嘗試。

怎麼做十字繡

橫向前進（從右往左）

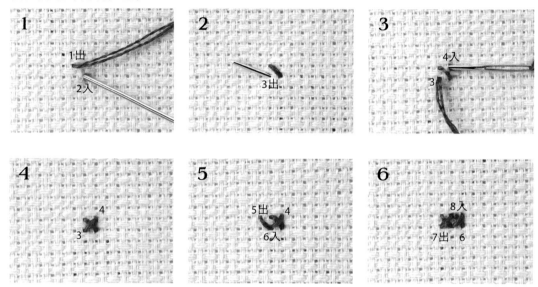

縱向前進（從下往上）

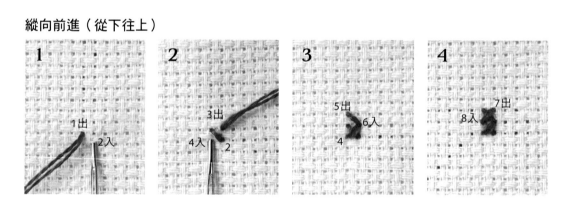

如何處理線頭

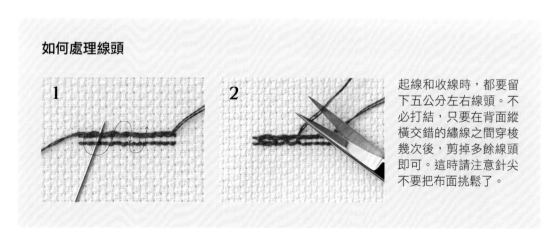

起線和收線時，都要留下五公分左右線頭。不必打結，只要在背面縱橫交錯的繡線之間穿梭幾次後，剪掉多餘線頭即可。這時請注意針尖不要把布面挑鬆了。

斜向前進（從右上往左下）

1

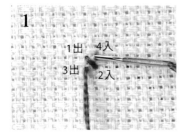

1出　4入
3出
2入

2

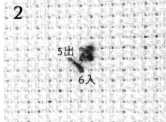

5出
6入

3

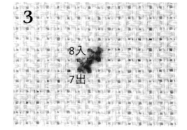

8入
7出

斜向前進（從右下往左上）

1

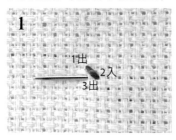

1出
2入
3出

2

5出
4入
6入
3

3

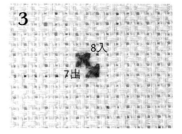

8入
7出

怎麼做法式結粒繡（繞兩次）

1

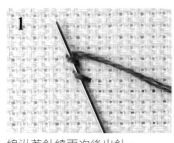

線沿著針繞兩次後出針。

2

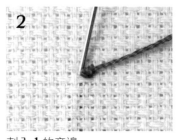

刺入 1 的旁邊。

3

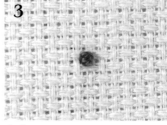

完成。

怎麼做回針繡

1

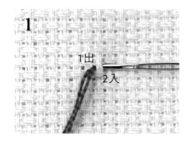

1出
2入

2

2
3出

3

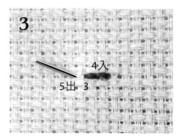

4入
5出　3

本書刊載之
古董花磚圖案原圖

本書刊載的古董花磚十字繡圖案都來自日本製馬約利卡陶磚原圖。

為了方便判斷圖案的顏色，選用的顏色及彩度與陶磚實際上的顏色
可能有差異，製作時請同時確認實際繡出的成品照片。

◎使用 DMC25 號繡線。■與■後面數字為繡線色號。此外，回針繡與法式結粒
繡後方記述的是色號和股數。
◎十字繡部份主要使用兩股繡線。除此之外都會在色號後方以括號（　）方式註
記股數。
◎關於繡線的用量，大致上一個圖案用一束繡線。必須使用超過這個量時，會在
色號後方以括號（　）方式註記。
◎使用的繡布是德國 Zweigart 公司生產的 16CT 繡布。括號中的數字為色號。請
到附近手工藝品店或網路上購買。
◎ size 為大致上的尺寸。
◎為了方便讀者想像複數圖案排列後拼出的成品模樣，有些圖案旁邊會加上一張
參考圖案的複製圖。

■312　■316　■336　■799　■958　■964　■3345　□3726
■3802　■3821

→p55
size:9x9cm

16CT（100）

□727　■959　■991

01 →p09
size:9x9cm

16CT（100）

■895　■3806

02 →p09
size9x9cm

16CT（503）

■501 ■648 □712 ■754 □3756 ■3813

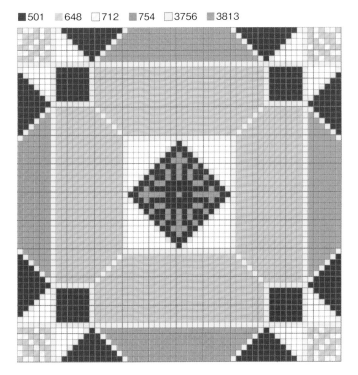

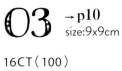

03 →p10
size:9x9cm

16CT(100)

■561 ■597 □3756

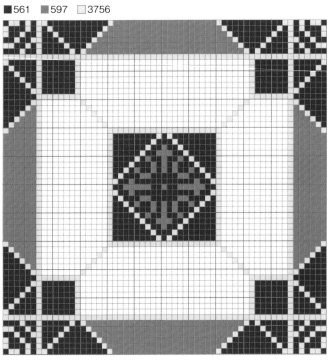

04 →p11
size:9x9cm

16CT(100)

307 　319 　519 　648 　760 　761 　987 　3865

05 →p12
size:9x9cm

16CT（7600）

※ 要將四張圖案並排拼成一張連續圖
　 案時，須配合繡線的方向，上下圖案
　 分別製作兩張。

■27 ■159 ■161 ■319 ■368 ■420 ■422 ■966
■3346 ■3756

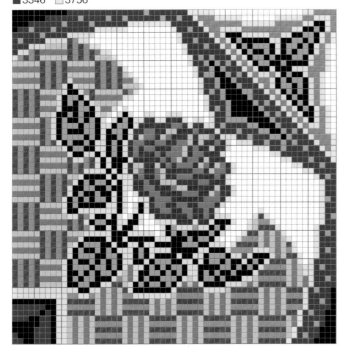

06 →p14
size:9x9cm

16CT（100）

※ 要將四張圖案並排拼成一張連續圖
案時，須配合繡線的方向，上下圖
案分別製作兩張。

68

■ 164 ■ 726 ■ 833 ■ 899 ■ 959 ■ 3078 ■ 3362 ■ 3832

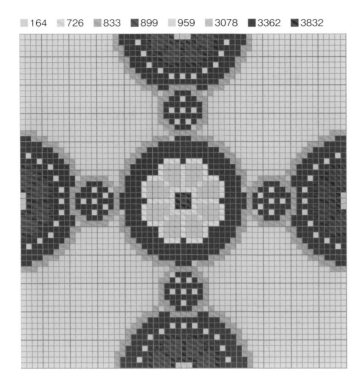

07 → p20
size:9x9cm

16CT（100）

■ 500 ■ 597 ■ 726 ⎯ 回針繍 BLANC 兩股線

08 → p20
size:9x9cm

16CT（100）

■604　□905　■928　■986　■988　■3731　□3756　■3831

09 →p20
size:9x9cm

16CT（100）

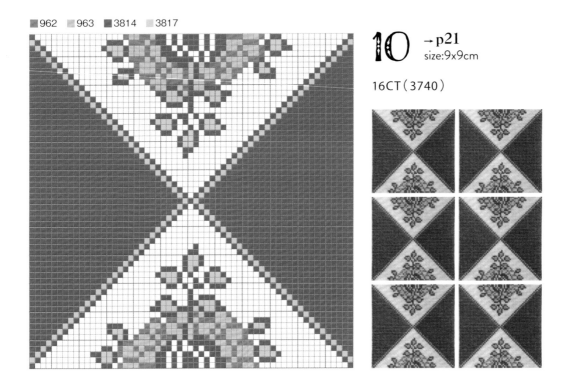

■962　■963　■3814　□3817

10 →p21
size:9x9cm

16CT（3740）

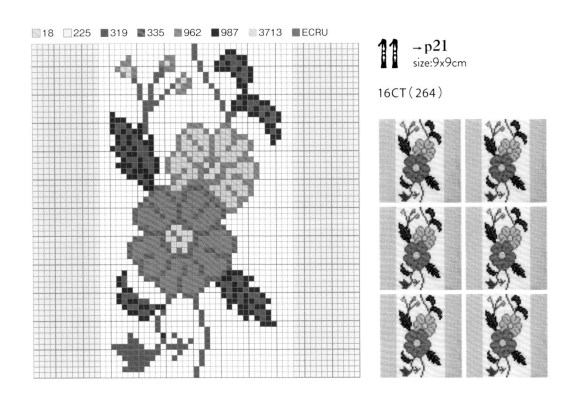

■18 □225 ■319 ■335 ■962 ■987 ■3713 ■ECRU

11 →p21
size:9x9cm

16CT（264）

■17 ■700 ⌒回針繍 BLANC 兩股線

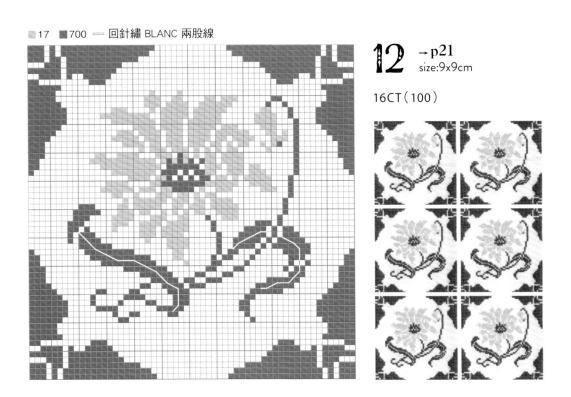

12 →p21
size:9x9cm

16CT（100）

■501　■993　■3705　■3706　□3756　□B5200

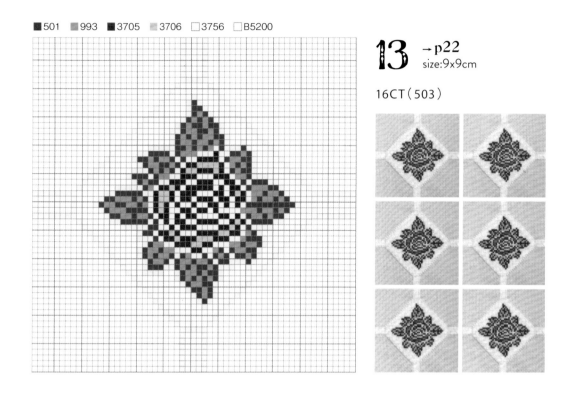

13　→p22
size:9x9cm

16CT（503）

■561　■3831　■3832　■3849　□3865

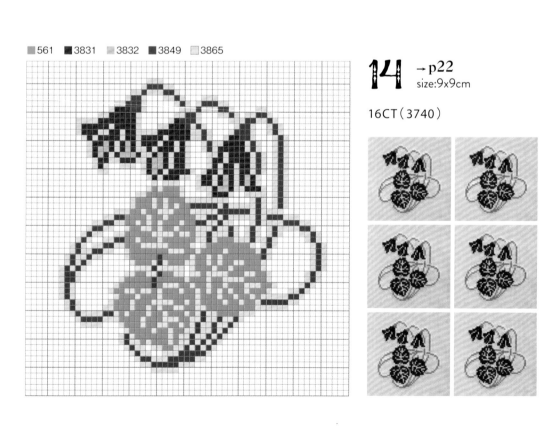

14　→p22
size:9x9cm

16CT（3740）

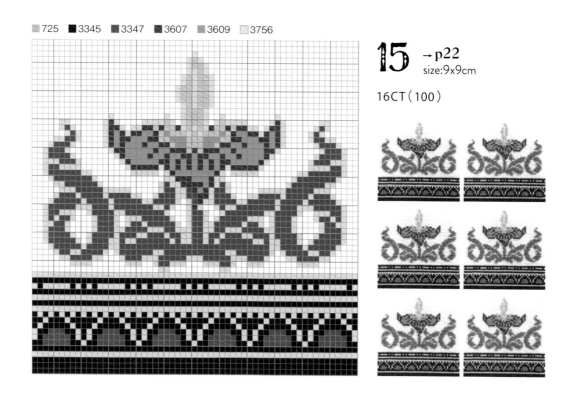

■725 ■3345 ■3347 ■3607 ■3609 □3756

15 →p22
size:9x9cm

16CT（100）

■32 □341 ■500 ■502 ■3608 □3753 ■3803 ■BLANC

16 →p23
size:9x9cm

16CT（503）

■444 ■747 ■834 ■3013 ■3846 ■3847

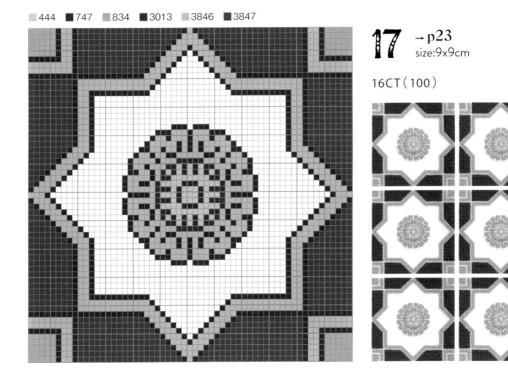

17 →p23
size:9x9cm

16CT（100）

■742 ■817 ■895 □3756 ■3849

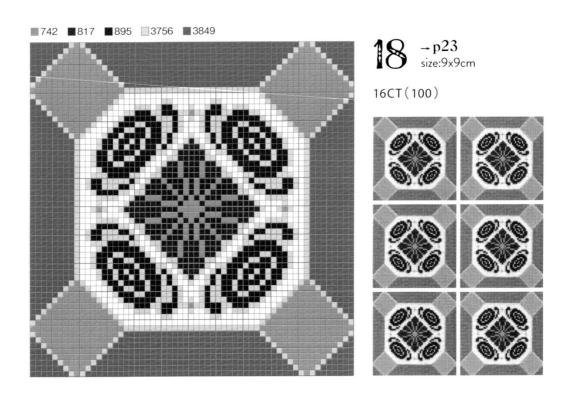

18 →p23
size:9x9cm

16CT（100）

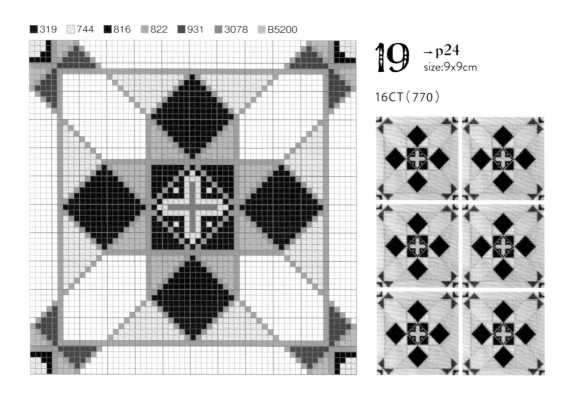

■319 □744 ■816 ■822 ■931 ■3078 ■B5200

19 →p24
size:9x9cm

16CT（770）

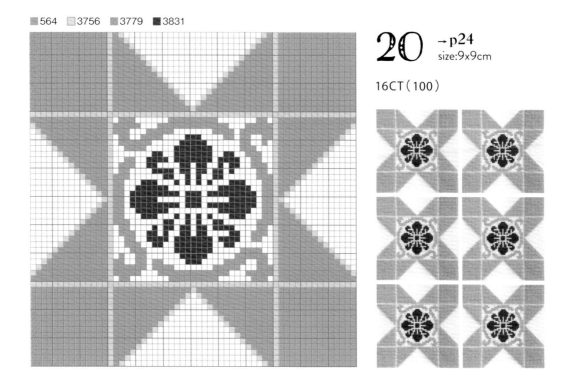

■564 □3756 ■3779 ■3831

20 →p24
size:9x9cm

16CT（100）

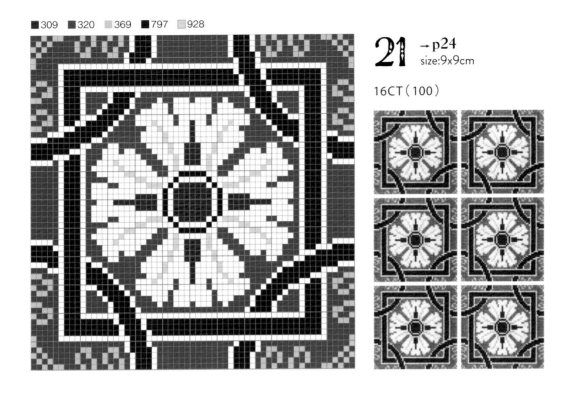

■309 ■320 ■369 ■797 □928

21 →p24
size:9x9cm

16CT (100)

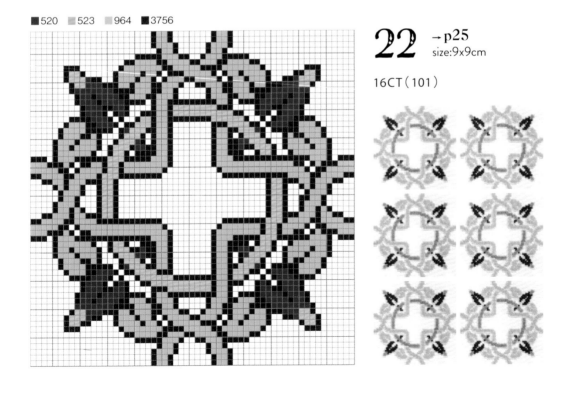

■520 ■523 ■964 ■3756

22 →p25
size:9x9cm

16CT (101)

■158　■159　■502　■561　■815　■3809　■3820　■3846
─回針繡 B5200 兩股線

23 →p25
size:9x9cm

16CT（101）

■307　■561　■3766　□BLANC

24 →p25
size:9x9cm

16CT（100）

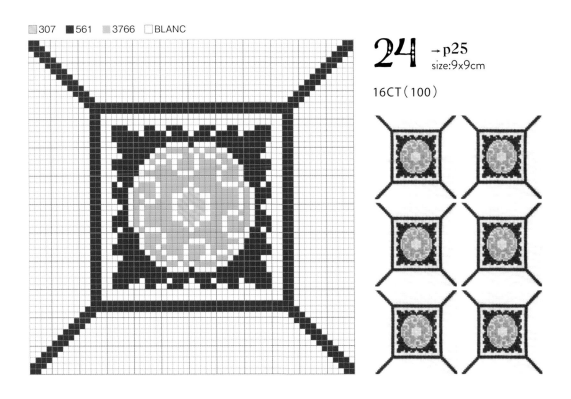

■310 ■407 ■598 ■632 ░726 □727 ░3024
■3363 ░B5200

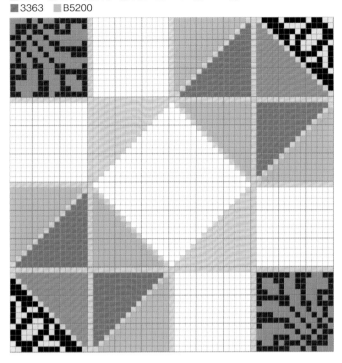

25 →p26
size:9x9cm

16CT（4110）

※ 要將六張圖案並排拼成一張連續圖
　 案時，須配合繡線的方向，上下圖
　 案分別製作三張。

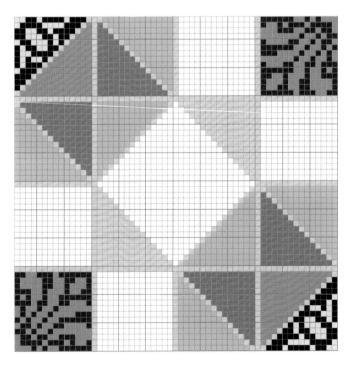

■310 □677 ■832 ■918 ■991 ▨BLANC

26 →p27
size:9x9cm

16CT（100）

※ 要將六張圖案並排拼成一張連續圖案
　 時，須配合繡線的方向，上下圖案分
　 別製作三張。

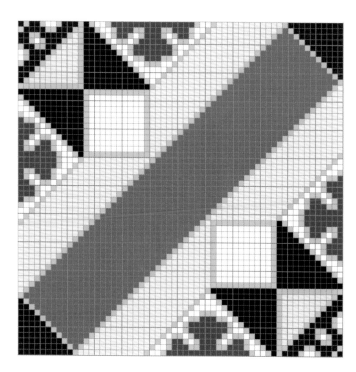

27 →p28
size:7.5x15cm

16CT(100)

■ 320　■ 434　■ 601　■ 603　□ 747　■ 895　■ 3845

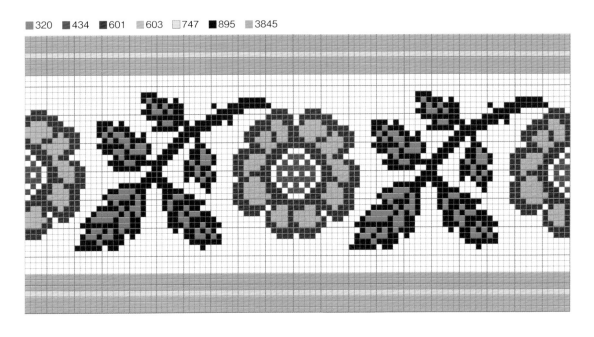

28 →p28
size:7.5x15cm

16CT(100)

■ 309　■ 699

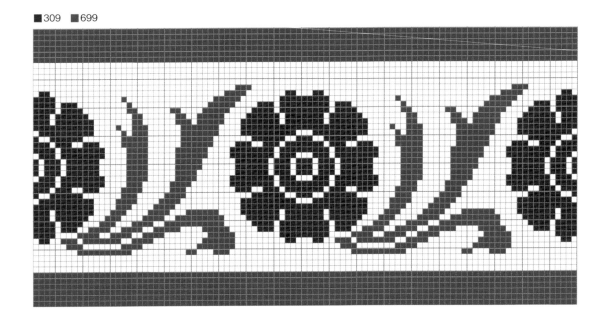

29

→p29
size:7.5x15cm

16CT（100）

■319 ■367 ■818 ■927 ■962 ■3072 ■3716 ■3766 □B5200

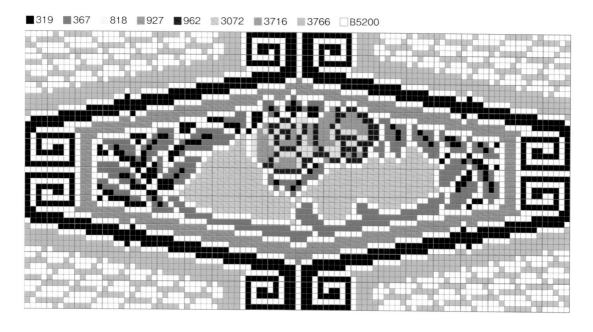

30

→p29
size:7.5x15cm

16CT（7600）

■13 ■300 ■319 ■738 ■780 ■782 ■3033 ■3862 ■3865

31 →p29
size:7.5x15cm

16CT（550）

■ 27　■ 28　■ 29　■ 225　□ 819　■ 831　■ 834　　BLANC

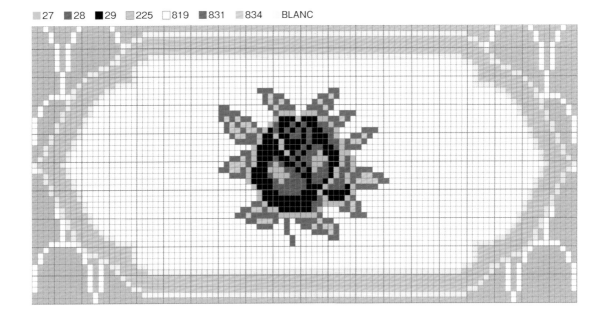

32 →p30
size:7.5x15cm

16CT（101）

□ 23　■ 319　■ 320　■ 369　■ 3607　■ 3609　□ 3756

33 →p30
size:7.5x15cm

16CT（100）

■151 ■167 □3046 ■3345 ■3347 □3766 ■BLANC

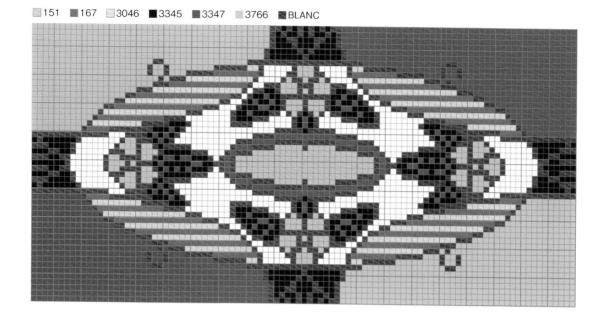

34 →p30
size:7.5x15cm

16CT（264）

■159 ■160 □762 ■3817 ■3818 ■3862 □BLANC

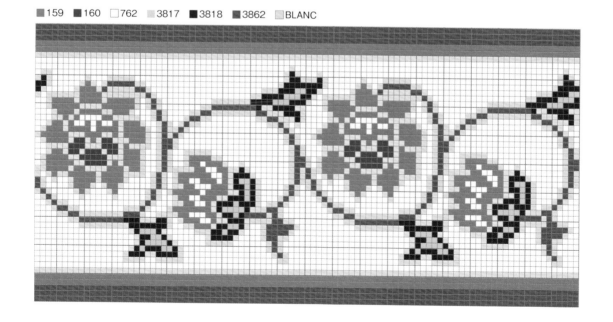

35 →p31
size:7.5x15cm

16CT（4110）

☐168 ■209 ☐210 ■433 ■937 ☐B5200

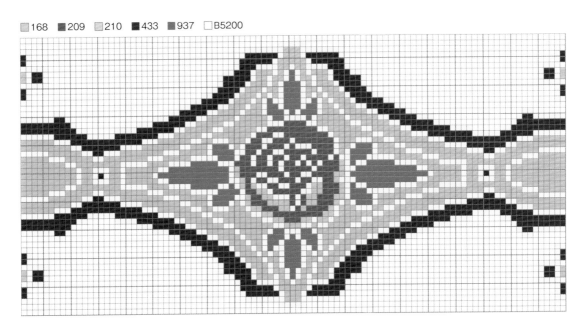

36 →p31
size:7.5x15cm

16CT（100）

■151 ■320 ■561 ■498 ■895 ☐3078 ■3733 ■3756 ■3816

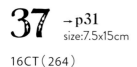

■151 ■3362 ■3364 ■3731 □3865

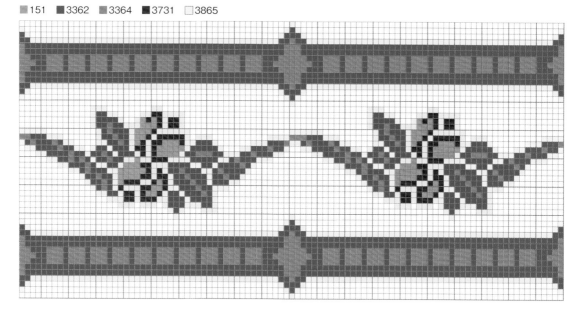

■561

■561 ■3766

40 → p32
size:4.5x9cm

16CT（100）

■ 561　■ 3766

41 → p33
size:4.5x4.5cm

16CT（100）

■ 561　■ 3766

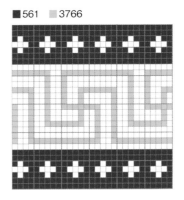

42 → p34
size:4.5x4.5cm

16CT（100）

■ 501　■ 502　■ 797　■ 3821

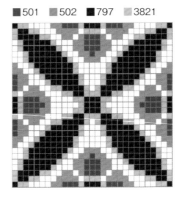

44 → p35
size:4.5x4.5cm

16CT（100）

■ 517　■ 973

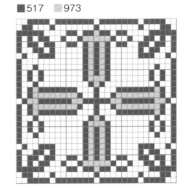

■164 ■336 □744 ■931 ■992

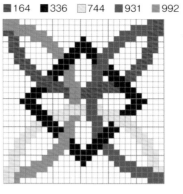

43 →p.34
size:4.5x4.5cm

16CT（100）

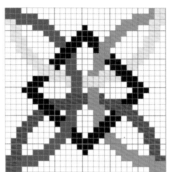

■783 ■797 ■3817

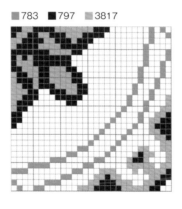

45 →p35
size:4.5x4.5cm

16CT（3740）

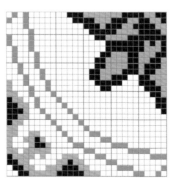

46 →p38
size:15x15cm　16CT（100）

■517　■742（兩束）　■934（兩束）　■3346　■3347　■3376　□ECRU　■BLANC　四股線
⚊回針繡 BLANC 兩股線

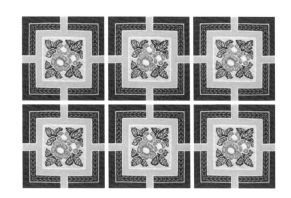

47 →p38
size:15x15cm　16CT（100）

■369　□445　■603　■605　■798（両束）　■904　■964　■3840　■3865

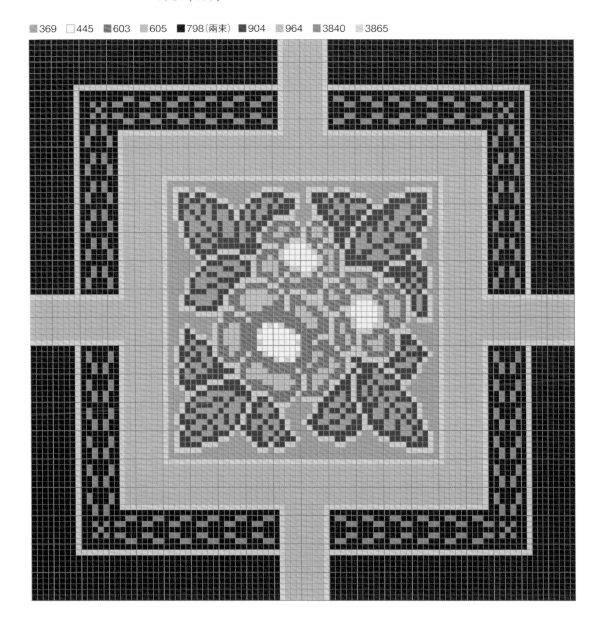

48 → p39

size:15x15cm 16CT（264）

■341 ■469 ■471 □727 ■3345 ■3803 ■3820 ■3862 □3865

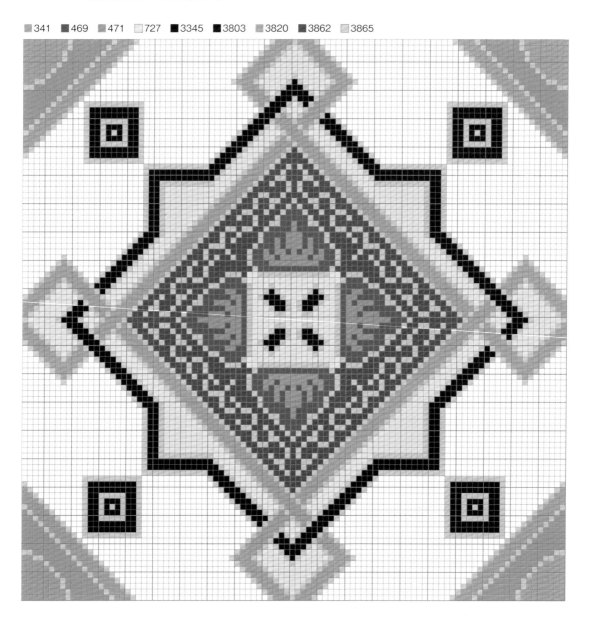

49 →p39

size:15x15cm　16CT（3740）

■225　■371　□712　■761　■904　■992（兩束）　■3051　■3712

50 →p40
size:15x15cm　16CT（264）

□26　■30　□819　■833　■986　■989　■3864（兩束）　■3865

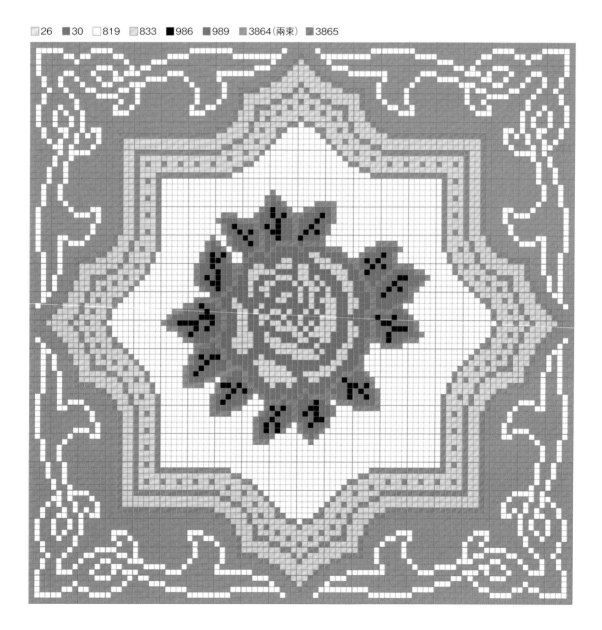

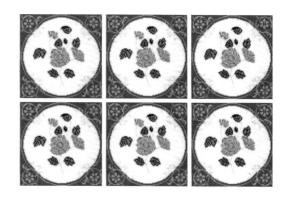

51 →p40
size:15x15cm　16CT（100）

☐157　■322（兩束）　☐762　■962　■989　■3345　☐3716

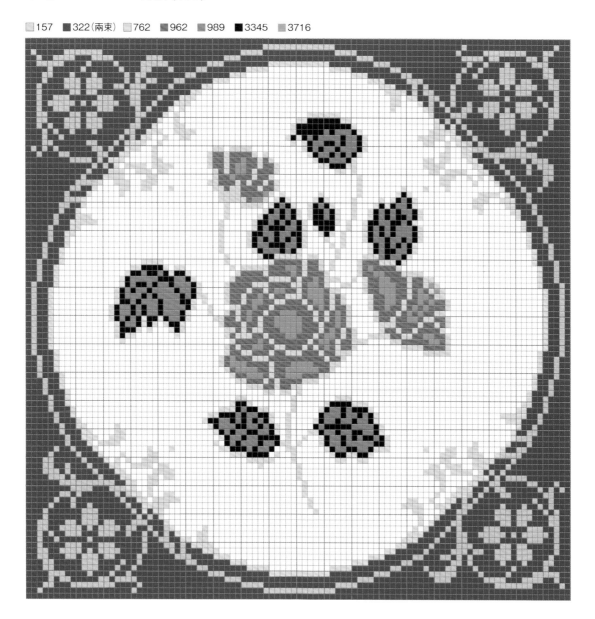

52 →p41
size:15x15cm　16CT（100）

■151　■159　■307　■434　□746　■797（兩束）　■993　■3731　■3733　■3847　　BLANC
・法式結粒繡 BLANC 兩股線 繞兩圈

53 →p41
size:15x15cm　16CT（100）

■322　■336（兩束）　□445　■505　■834　■3756　—回針繡 3756 兩股線

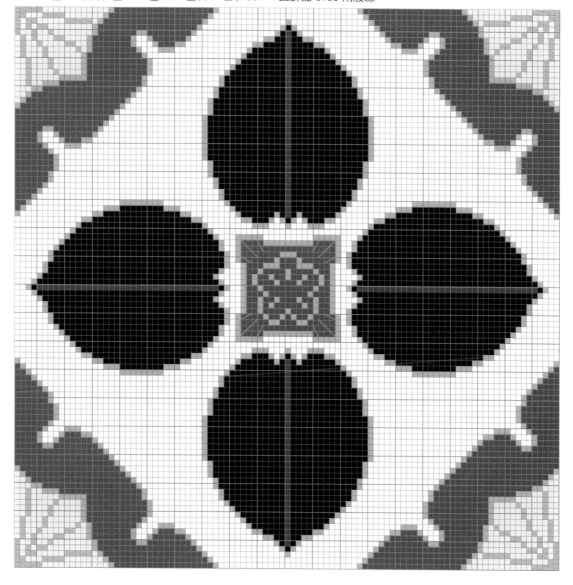

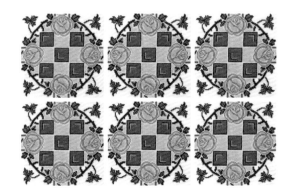

54 →p42
size:15x15cm 16CT(264)

■ 02 □ 05 ■ 28 ■ 29 ■ 151 □ 818 ■ 3345 ■ 3347 ■ 3733 ■ 3743 ■ 3865

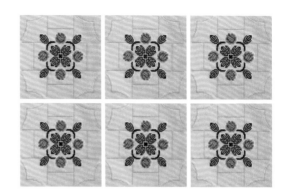

55 →p43
size:15x15cm　16CT（3740）

■05　■319　■368　■604　■779　■828　■841　■961　□963　■BLANC　■ECRU

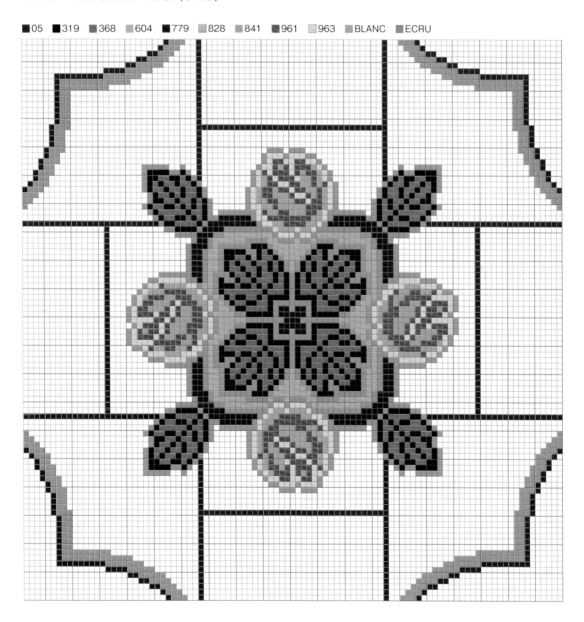

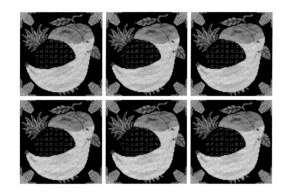

56 →p44
size:15x15cm   16CT（589）

■10 ■13 ■367 ■368 ✕369 ■433 □445 ■604 ■605 ▯725 ■898 ■939
■3806 ⊡3863 ■3865 □BLANC

57 →p44
size:15x15cm 16CT(100)

■18 ■151 ■445 □727 ■733 ■783 ■793 ■827 ■830 ■833 ■912 □955 ■962 ■989 ■3345
■3731 □3747 •3756 ■3826 □BLANC

58 →p45
size:15x15cm　16CT（100）

■160　■500　■502　■792　□3817　■3852

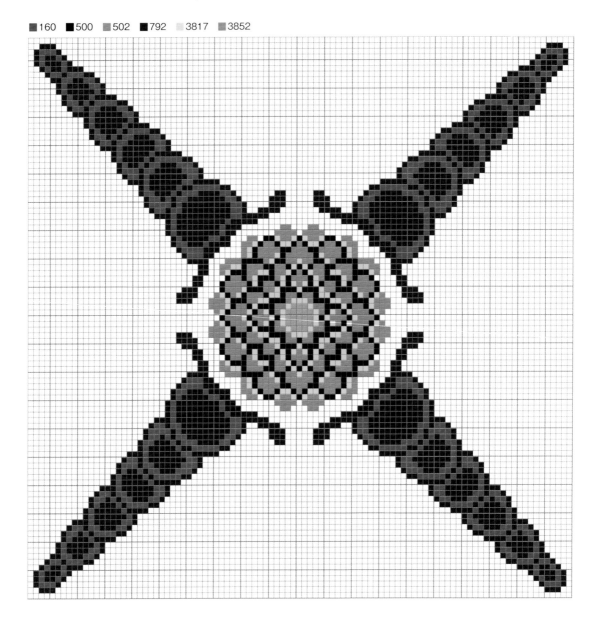

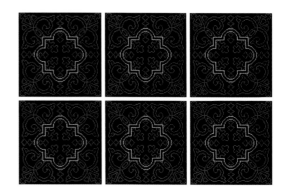

59 →p45
size:15x15cm　16CT（589）

■10　■931　■939

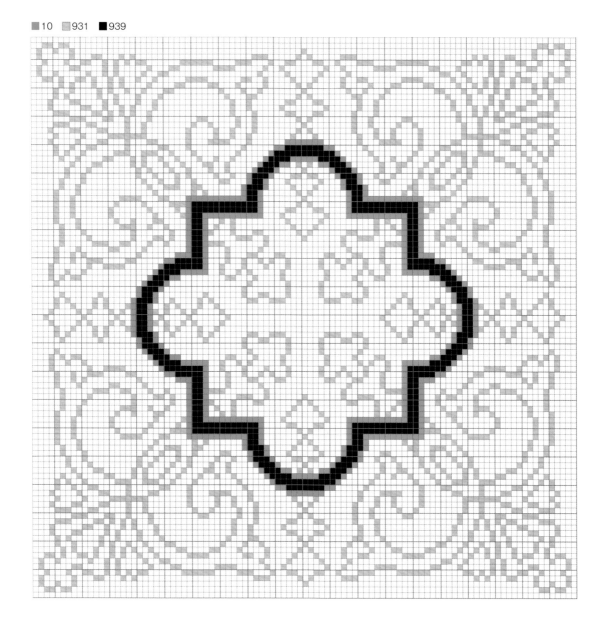

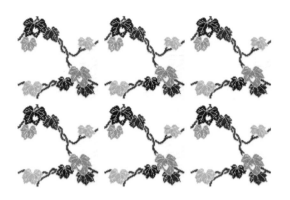

60 →p46
size:15x15cm 16CT（100）

■150 ■783 ■907 □3756 ■3807 ■3860 ═ 回針編 B5200 両股線

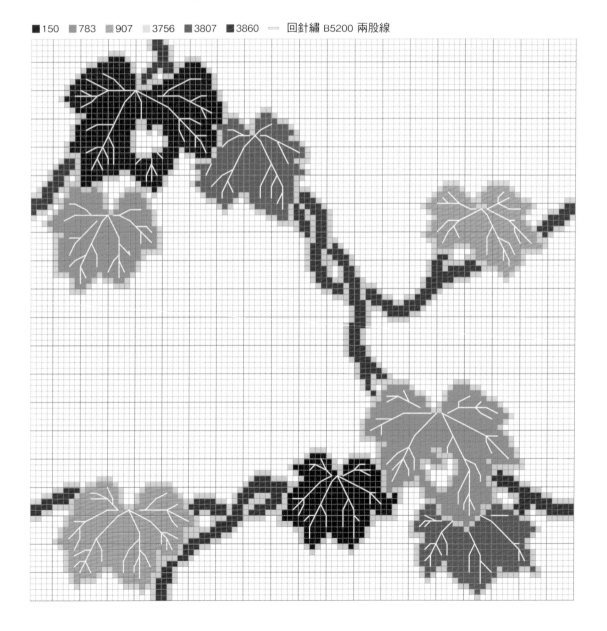

61 →p46
size:15x15cm 16CT(264)

■958 ■964 ■3850 ■BLANC ■BLANC 一股線

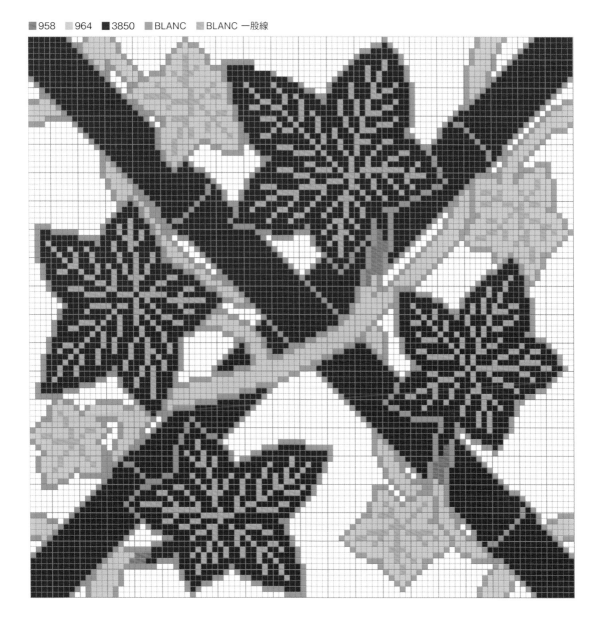

62 →p47
size:15x15cm　16CT（3740）

■326　□828　■986　■989　■3733　■3756

64 →p52
size:15x15cm 16CT（101）

■335 ☐368 ■605 ☐834 ■935 ■3756

63

→p49

16CT（7600）

size:15x15cm　　※ 要將四張圖案並排拼成一張連續圖案時，須配合繡線的方向，左右圖案分別製作兩張。

■561　■935　■937　■3350　□3816　■3852　■3688　□BLANC

用古董花磚刺繡製作小東西

以下介紹兩種拉鍊化妝包和三種方塊針插的作法。
拉鍊化妝包使用 14CT 的繡布與羊毛繡線。
也可改用 16CT 繡布或 25 號繡線，做出來的成品又是另一種氛圍。

 ## 拉鍊化妝包 A

→p59
size:長 10×寬 18×底寬 3 公分

◎材料

表布　德國 Zweigart 公司生產 14CT（色號 611）
　　　…長 25X 寬 20 公分一塊
裡布　棉布…長 25X 寬 20 公分一塊
繡線　Art Fiber Endo 羊毛繡線（色號 142、143、145、
　　　203、206、207、414、520、540）…各一捲
拉鍊　17 公分一條

◎作法

1　表布（背面）直放，上下左右各留出 1 公分縫份，
　　在化妝包正面與背面中間留出 3 公分底寬，做上記
　　號。如圖所示，在表布（正面）縫份內側繡上圖案。

2　將表布（正面）上端縫份與拉鍊從最邊緣算起的
　　0.6 公分，以背面貼背面的方式縫合。

3　將表布以背面貼背面的方式折起，拉鍊另一邊也
　　縫上。

4　布兩端分別對折縫起。

5　將兩端縫份燙平，縫出底寬。翻回正面。

6　裡布（背面）和表布一樣做好縫份與底寬的記號。
　　以背面貼背面的方式對折，縫起兩端。

7　和表布一樣為裡布縫出底寬。

8　裡布開口部分的縫份往裡面（外側）折。塞進表
　　布裡，以捲邊縫的方式縫上拉鍊。

1

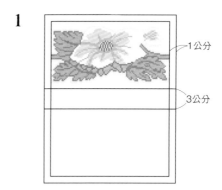

1公分

3公分

2

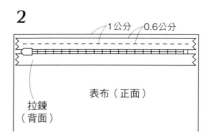

1公分　　0.6公分

表布（正面）

拉鍊
（背面）

4

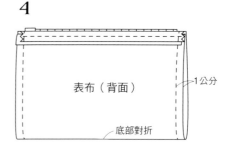

表布（背面）

1公分

底部對折

5

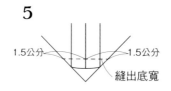

1.5公分　　　　1.5公分

縫出底寬

8

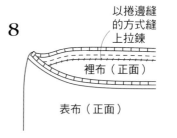

以捲邊縫
的方式縫
上拉鍊

裡布（正面）

表布（正面）

■142　■143　■145　■203　□206　■207　□414　■520　□540　※皆為一股線

拉鍊化妝包 B

→p59
size:長11×寬11公分

◎材料

表布　德國 Zweigart 公司生產 14CT（色號 647）
　　　　…長 24X 寬 13 公分一塊

裡布　棉布…長 24X 寬 13 公分一塊

繡線　Art Fiber Endo 羊毛繡線（色號 110、111、112、206、
　　　　215、506、540）…各一捲

拉鍊　10 公分一條

◎作法

1　表布（背面）直放，留出 1 公分縫份並做上記號。如圖
　　在表布（正面）縫份內側繡上圖案。

2　將表布（正面）上端縫份與拉鍊從最邊緣算起的 0.6 公分，
　　以背面貼背面的方式縫合。

3　將表布以背面貼背面的方式折起 將拉鍊另一邊也縫上。

4　表布兩端分別對折縫起。翻回正面。

5　裡布（背面）和表布一樣做好縫份記號，以背面貼背面
　　的方式對折，縫起兩端。

6　裡布開口部分的縫份往裡面（外側）折。塞進表布裡，
　　以捲邊縫的方式縫上拉鍊。

1

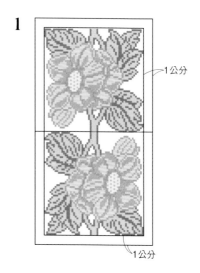

1公分

1公分

2

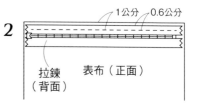

1公分　0.6公分

拉鍊
（背面）　　表布（正面）

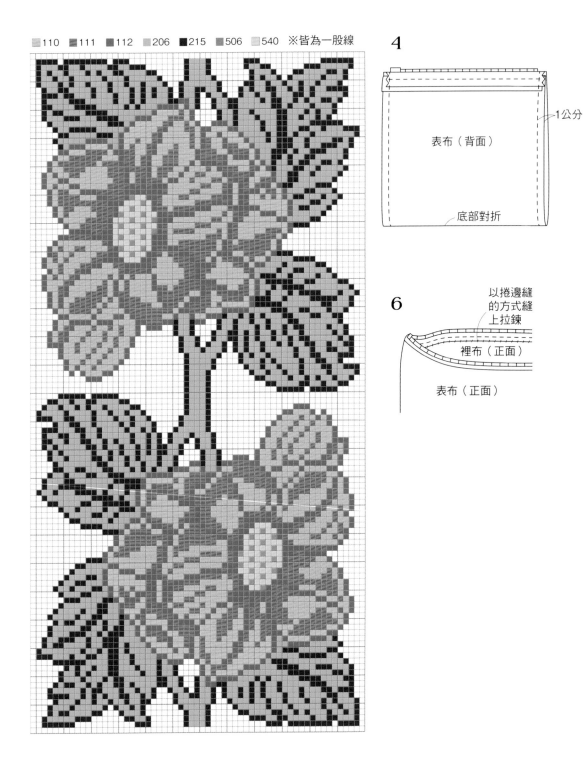

■110 ■111 ■112 ■206 ■215 ■506 ■540 ※皆為一股線

4

1公分

表布（背面）

底部對折

6

以捲邊縫
的方式縫
上拉鍊

裡布（正面）

表布（正面）

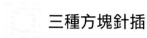 **三種方塊針插**

→ p59
size: 各為長 4.5× 寬 4.5× 高 4.5 公分

◎**材料（一個份）**

布 　德國 Zweigart 公司生產 16CT（色號 100）…長 6.1X
寬 6.1 公分六塊

繡線 　DMC25 號繡線（色號分別為 561、3766、BLANC
／兩股線）…各一束

棉花 　適量

※若先將布料裁剪好，刺繡起來比較困難。建議事先準備較
大塊的布料，繡上圖案後再裁剪。

◎**作法**

1　在表布（背面）畫上長寬各 6.1 公分的正方形六
個。每個正方形內側上下左右各留出 0.8 公分的
縫份，並做上記號。於表布（正面）縫份內側部
位繡上圖案。

2　沿線剪下六片正方形布。將縫份部分折成山形，
以熨斗燙出摺痕。

3　六片布依序以正反貼合的方式拼起，用繡線
（BLANC ／兩股線）以毛邊縫方式縫合，如圖做
成方塊狀。縫上最後一片之前塞入棉花，每一邊
都以毛邊縫方式縫合。

※縫合時要注意如 p59 圖片般讓刺繡圖案相連。

2

表布
（背面）

0.8公分

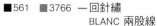

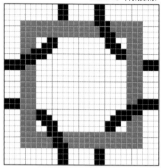

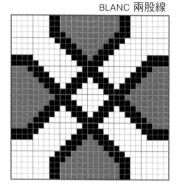

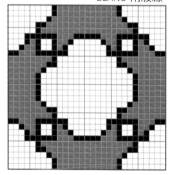

3

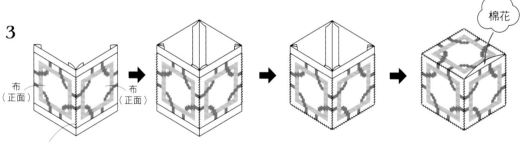

布
（正面）　　　布
（正面）

棉花

不要穿過布孔，一格一格挑起回針
繡的部分，以毛邊縫方式縫合

日系美學・復古花磚十字繡

64 款設計圖輯 X 色號股數 X 刺繡技法 X 布置靈感，
零基礎復刻大正昭和的古董紋樣

作者 遠藤佐繪子
譯者 邱香凝
主編 唐德容
責任編輯 黃雨柔
封面設計 羅婕云
內頁美術設計 李英娟

發行人 何飛鵬
PCH集團生活旅遊事業總經理暨社長 李淑霞
總編輯 汪雨菁
行銷企畫經理 呂妙君
行銷企劃專員 許立心

出版公司
墨刻出版股份有限公司
地址：台北市104民生東路二段141號9樓
電話：886-2-2500-7008／傳真：886-2-2500-7796
E-mail：mook_service@hmg.com.tw
發行公司
英屬蓋曼群島商家庭傳媒股份有限公司城邦分公司
城邦讀書花園：www.cite.com.tw
劃撥：19863813／戶名：書虫股份有限公司
香港發行城邦（香港）出版集團有限公司
地址：香港灣仔駱克道193號東超商業中心1樓
電話：852-2508-6231／傳真：852-2578-9337
城邦（馬新）出版集團 Cite (M) Sdn Bhd
地址：41, Jalan Radin Anum, Bandar Baru Sri Petaling, 57000 Kuala Lumpur, Malaysia.
電話：(603)90563833／傳真：(603)90576622／E-mail：services@cite.my
製版・印刷 漾格科技股份有限公司
ISBN 978-986-289-814-7・978-986-289-816-1 (EPUB)
城邦書號 KJ2085 **初版** 2023年1月
定價 420元
MOOK官網 www.mook.com.tw
Facebook粉絲團
MOOK墨刻出版 www.facebook.com/travelmook
版權所有・翻印必究

日方工作人員
設計 いわながさとこ
攝影 わだりか（mobiile,inc.）
造型 高橋ゆかり
圖案 wade手藝製作部
助理編輯 鶴留聖代
校對 西進社
刺繡製作協助 佐藤志穗美

特別感謝
株式會社Danto Tile
DMC株式會社
Art Fiber Endo

參考資料
『世界各地的裝飾瓷磚──從古老東方到現代，
為建築裝飾上色的圖案世界』（暫譯）
世界瓷磚博物館 編（青幻社）

『世界的瓷磚 日本的瓷磚』（暫譯）
世界瓷磚博物館 編（LIXIL出版）

『日本製馬約利卡陶磚──憧憬的連鎖』（暫譯）
INAX LIVE博物館企劃委員會 編（LIXIL出版）

『台灣老花磚的建築記憶』康鍩錫（貓頭鷹）

『Peranakan Tiles SINGAPORE』Anne Pinto-
Rodrigues, Victor Lim, Aster by Kyra Pte Ltd

Original Japanese title: CROSS-STITCH DE TANOSHIMU ANTIQUE TILE NO MOYOU
Copyright © 2022 Saeko Endo
Photo by Rika Wada mobiile,
Original Japanese edition published by KAWADE SHOBO SHINSHA Ltd. Publishers
Traditional Chinese translation rights arranged with KAWADE SHOBO SHINSHA Ltd. Publishers
through The English Agency (Japan) Ltd. and AMANN CO., LTD.

國家圖書館出版品預行編目資料
日系美學.復古花磚十字繡：64 款設計圖輯X色號股數X刺繡技法X布置靈
感,零基礎復刻大正昭和的古董紋樣/遠藤佐繪子作；邱香凝譯. -- 初版. --
臺北市：墨刻出版股份有限公司出版：英屬蓋曼群島商家庭傳媒股份有限
公司城邦分公司發行, 2023.01
112面；18.2×25.7公分. -- (SASUGAS；85)
譯自：クロスステッチで楽しむ アンティークタイルの模様：可愛い日本製
マジョリカタイルの図案
ISBN 978-986-289-814-7(平裝)
1.CST: 刺繡
426.2   111019858